外来鳥ハンドブック

川上和人 文　　叶内拓哉 写真

▲ シロガシラ　6月 沖縄

文一総合出版

外来鳥とは？ 外来鳥ですが，それが何か？

●外来鳥の起源

人間によって原産地以外に持ち込まれた生物は，世界各地で野生化してきた。「移入種」「外来種」「帰化種」「侵入種」など，定着状況などにより微妙に違う言葉で表現されるが，重要なことは「人為的活動にともなって，自然な生息地外で野生化している」という点である。

鳥の外来種＝「外来鳥」だが，ひとくちに外来鳥といっても，野生化の度合いはそれぞれに異なる。まずは逸出した個体そのものがいる。飼養者など人間の手を離れた個体の多くは，野外で一定期間は生存するものの，野生状態で繁殖することなく姿を消していく。それでも一部の幸運な個体

△ ホンセイインコ　3月　東京

●外来鳥リスト（太字は本書で紹介した種）

原産地略号　Eu：ヨーロッパ～ロシア, Af：アフリカ, As：アジア, Na：北米, Sa 中南米, Au：オーストラリア
「繁殖」は野外での繁殖記録があるか，その可能性が高い種

和名	目的	繁殖	原産地
(ホロホロチョウ科)			
ホロホロチョウ	家禽		Af
(ナンベイウズラ科)			
コリンウズラ	狩猟	◎	Na, Sa
(キジ科)			
シチメンチョウ	家禽		Na, Sa
イワシャコ	狩猟		Eu, As
コジュケイ	狩猟	◎	As
ニワトリ	家禽		As
ヤマドリ	狩猟	◎	国内移入
オナガキジ	狩猟		As
コウライキジ	狩猟	◎	As
キジ	狩猟		国内移入
キンケイ	愛玩		As
ギンケイ	愛玩		As
インドクジャク	愛玩	◎	As
(カモ科)			
シナガチョウ	家禽		Eu, As
ガチョウ	家禽		Eu, As
カナダガン	愛玩	◎	Eu, Na
コクチョウ	愛玩	◎	Au

和名	目的	繁殖	原産地
コブハクチョウ	愛玩	◎	Eu, As
エジプトガン	愛玩		Af
バリケン	家禽		Sa
アメリカオシ	愛玩		Na
アヒル	家禽	◎	Eu, As, Na
(アホウドリ科)			
アホウドリ	再導入		国内移入
(フラミンゴ科)			
オオフラミンゴ	愛玩		Eu, As, Af
(コウノトリ科)			
インドトキコウ	愛玩		As
コウノトリ	再導入		As
(トキ科)			
クロトキ	愛玩		As
トキ	再導入		As
(ペリカン科)			
モモイロペリカン	愛玩		Eu, As, Af
ハイイロペリカン	愛玩		Eu, As
(タカ科)			
ワシノスリ	愛玩		Sa

は，つがい相手を見つけて繁殖に至り，稀に数世代を重ねることがある。しかし，それもほとんどは一時的なものに終わり，野外で安定的な個体群を築くのは，さらにその一部だ。20世紀後半に各地で繁殖が確認されたベニスズメも，いつの間にかほとんど姿を見なくなった。逸出個体が安定した野生個体群を築くのは大変なことなのだ。

野生化の起源には，愛玩鳥が逃げ出したもの，狩猟のために導入したもの，野生下で愛でるために放鳥したもの，野良飼いしていた家禽が逸出したもの，農業病害虫の駆除のために放されたものなど，さまざまなケースがある。また，地域的に野生絶滅した種を再導入したり，分布の狭い種の絶滅リスクを減らすためほかの場所に個体を移動させたりすることもある。これも導入先にとっては外来鳥といえ，日本ではトキやコウノトリ，アホウドリがその例である。

●歴史の中の外来鳥

長い歴史の中で，日本人は積極的に大陸との交易を行ってきた。中国の歴史書「後漢書」には，西暦57年に倭奴国に金印を授与したと書かれていることから，当時すでに日中交流があったことがわかる。その後の2000年の間には，外国からさまざまな鳥が輸入されてきた。日本書紀によると，西暦598年にはすでにクジャクが輸入されていた記録も存在している。鎖国中の江戸時代には鳥の輸入はあまりなかったと思うかもしれないが，実際にはインコやカナリアなどの小鳥の飼育が流行しており，長崎の出島を通じて多くの鳥

和名	目的	繁殖	原産地
(ハヤブサ科)			
カラカラ	愛玩		Na, Sa
(ツル科)			
ホオジロカンムリヅル	愛玩		Af
(クイナ科)			
セイケイ	愛玩		Eu, As, Au
(セイタカシギ科)			
クロエリセイタカシギ	愛玩	◎	Na, Sa
(ハト科)			
ドバト	愛玩	◎	Eu, As
シラコバト	愛玩	◎	Eu, As, Af
ジュズカケバト	愛玩		Af
ウスユキバト	愛玩		Au
チョウショウバト	愛玩		As
(オウム科)			
コバタン	愛玩		As
キバタン	愛玩		Au
オカメインコ	愛玩		Au
(インコ科)			
ゴシキセイガイインコ	愛玩		As, Au
ショウジョウインコ	愛玩		As
セキセイインコ	愛玩	◎	Au
オオハナインコモドキ	愛玩		As
ササハインコ	愛玩		As
オオホンセイインコ	愛玩	◎	As
ホンセイインコ	愛玩	◎	Af, As

和名	目的	繁殖	原産地
コセイインコ	愛玩		As
ミドリワカケインコ	愛玩		As
コザクラインコ	愛玩		Af
キエリボタンインコ	愛玩		Af
クロボタンインコ	愛玩		Af
ヨウム	愛玩		Af
ダルマインコ	愛玩	◎	As
コンゴウインコ	愛玩		Sa
ミドリズアカインコ	愛玩		Sa
オナガアカボウシインコ	愛玩		Sa
クロガミインコ	繁殖		Sa
オキナインコ	愛玩	◎	Sa
ミドリインコ	愛玩		Sa
アオボウシインコ	愛玩		Sa
キビタイホウシインコ	愛玩		Sa
(カラス科)			
サンジャク	愛玩		As
ヤマムスメ	愛玩	◎	As
カササギ	愛玩	◎	Eu, As, Na
(ヒヨドリ科)			
カヤノボリ	愛玩		As
コウラウン	愛玩	◎	As
シロガシラ	愛玩	◎	As
(チメドリ科)			
ガビチョウ	愛玩	◎	As
ハクオウチョウ	愛玩		As

が渡来していた。埼玉県の県鳥シラコバトもこの時代に定着したと考えられている。インドから中国を経て渡来した個体が，鷹狩りの獲物として放鳥されたのだ。

現在，日本に定着している外来鳥には，コジュケイやソウシチョウ，ガビチョウなど中国を原産とした種が多い。更新世（〜1万年前）の寒冷期後，海水面は上がり，日本はユーラシア大陸から切り離された。このため，海を越える長距離移動ができない種は，日本に分布を広げられなくなった。ただし，海さえ越えてしまえば，日本と中国は気候も植生も似ているので，新居としての環境条件は問題ない。中国原産の種が日本に定着しているのは，盛んに行われた日中交易だけでなく，環境面を考えても納得できる結果である。

●外来鳥の複雑な現状

「外来種問題」という言葉は，いつの間にか世間に広まり，一般的な事柄として認識されるようになってきた。ある地域に生物が侵入してきた場合，もちろんそこの資源を消費し，先住者との新たな種間関係を形成するので，生物間相互作用に大なり小なり影響を与えることになる。捕食，

和名	目的	繁殖	原産地
ヒゲガビチョウ	愛玩	◎	As
カオグロガビチョウ	愛玩	◎	As
カオジロガビチョウ	愛玩	◎	As
ソウシチョウ	愛玩	◎	As
ルリハコバシチメドリ	愛玩		As
アカオコバシチメドリ	愛玩		As
（メジロ科）			
チャエリカンムリチメドリ	愛玩		As
メジロ	愛玩	◎	As, 国内移入
（ムクドリ科）			
キガシラムクドリ	愛玩		As
キュウカンチョウ	愛玩		As
ジャワハッカ	愛玩	◎	As
ハッカチョウ	愛玩	◎	As
モリハッカ	愛玩	◎	As
ハイイロハッカ	愛玩		As
インドハッカ	愛玩		As
ホオジロムクドリ	愛玩	◎	As
ズグロムクドリ	愛玩		As
（ヒタキ科）			
シキチョウ	愛玩		As
アカハラシキチョウ	愛玩		As
（コノハドリ科）			
キビタイコノハドリ	愛玩		As
アカハラコノハドリ	愛玩		As
（ハタオリドリ科）			
ヒメハタオリ	愛玩		Af
ズグロウロコハタオリ	愛玩		Af
メンハタオリドリ	愛玩	◎	Af
コウヨウジャク	愛玩	◎	As
キムネコウヨウジャク	愛玩		As
ズアカコウヨウチョウ	愛玩		Af

和名	目的	繁殖	原産地
オウゴンチョウ	愛玩	◎	Af
ベニビタイキンランチョウ	愛玩		Af
キタキンランチョウ	愛玩	◎	Af
アカエリホウオウ	愛玩		Af
（カエデチョウ科）			
フナシセイキチョウ	愛玩		Af
ベニスズメ	愛玩	◎	As
ホウコウチョウ	愛玩	◎	Af
アカバネカエデチョウ	愛玩		Af
カエデチョウ	愛玩	◎	Af
キンカチョウ	愛玩		Au
ギンパシ	愛玩		As
コシジロキンパラ	愛玩	◎	As
シマキンパラ	愛玩	◎	As
キンパラ	愛玩	◎	As
ギンパラ	愛玩	◎	As
ヘキチョウ	愛玩	◎	As
ブンチョウ	愛玩	◎	As
（テンニンチョウ科）			
シコンチョウ	愛玩		Af
テンニンチョウ	愛玩	◎	Af
ホウオウジャク	愛玩	◎	Af
（アトリ科）			
カナリア	愛玩		Af
キマユカナリア	愛玩		Af
ゴシキヒワ	愛玩		Eu, As, Af
（ホオジロ科）			
ズグロチャキンチョウ	愛玩		Eu, As
チャキンチョウ	愛玩		As
コクカンチョウ	愛玩		Sa
コウカンチョウ	愛玩	◎	Sa
（ショウジョウコウカンチョウ科）			
ショウジョウコウカンチョウ	愛玩		Na

交雑，病気の持ち込みなど，さまざまな影響が指摘されており，確かに問題は大きい。このため，外来種はいないに越したことはない。しかし，場合によっては外来種が欠かせない存在になってしまうこともある。

小笠原群島には在来種としてメグロが生息していたが，父島や聟島(むこじま)など，いくつかの島では絶滅してしまった。このことは，メグロが生態系の中でもっていた機能が失われたことを意味する。例えば，種子散布の機能を考えてみると，メグロに依存していた植物は散布の機会が減り，分布が縮小することになる。しかし，この地域ではメグロと食性の似たメ

●外来鳥類関連年表		掲載ページ
弥生時代	ニワトリが中国から渡来したと考えられている	13
598	日本書紀にカササギの輸入が記録される	44
平安時代	ドバトが「いへばと」の名で文献に登場する	35
室町時代	文献にアヒルが登場する	28
1500年代	カササギが九州北部で放鳥される	44
江戸時代中期	シラコバトが埼玉県で放鳥される	37
江戸時代後期	コウライキジが対馬で放鳥される	16
1910年ごろ	ブンチョウの群れが東京で観察される	71
1919	コジュケイが東京、神奈川で放鳥される	12
1930	コウライキジが北海道に放鳥される	16
1931	コジュケイの亜種テッケイが神戸で放鳥される	12
	ソウシチョウの群れが神戸で観察される	51
1952	コブハクチョウを皇居外苑の濠に放鳥される	24
1960	北アルプス産ライチョウが富士山に放鳥される	
1967	南アルプス産のライチョウが金峰山に放鳥される	
1960年代	ワカケホンセイインコが東京都で野生化	40
	ソウシチョウが野生化	51
	ベニスズメの繁殖が東京で観察されるようになる	63
1974	北海道にウスアカヤマドリが放鳥される	15
1976	シロガシラが沖縄本島で観察される	46
1977	ホロホロチョウが黒島に放鳥される	9
1978	コブハクチョウがウトナイ湖で繁殖	24
1970年代	ハッカチョウの営巣行動が京都で確認される	53
1980年ごろ	ソウシチョウの繁殖が九州、近畿、関東で確認される	51
1988	シマキンパラが沖縄で観察される	67
1988	カオグロガビチョウが三浦半島で観察される	49
1998	ヒゲガビチョウが愛媛で観察される	48
1980年代	ガビチョウが九州北部、関東西部で野生化	17
	コリンウズラが放鳥される	10
	ハッカチョウの繁殖が神奈川で確認される	53
1994	カオジロガビチョウが群馬県南部で観察される	50
2001	クロエリセイタカシギが奈良県で放鳥される	34
2004	香川県で台風による飼育施設破損により多数の外来鳥類が逸出する	
2005	コウノトリが豊岡市で放鳥される	32
2005	外来生物法の施行	
2007	コウノトリの野生下での巣立ちが確認される	32
2008	中国産トキが佐渡に放鳥される	33
2008	鳥島産アホウドリが小笠原で放鳥される	30

ジロが外来種として定着しており，その機能が補完されている。このような場合には，外来種であっても，生態系にとって不可欠な存在になってしまう。

外来種が文化的な意味をもつこともある。佐賀県のカササギや埼玉県越ヶ谷のシラコバトは，人為的に持ち込まれたと考えられているが，それぞれ県と国の天然記念物に指定されている。長い歴史的背景の中で地域のシンボルとして親しまれ，地域社会になくてはならない存在となったのだ。

日本での外来種に関する議論は，20世紀末ごろから盛んになってきた若い分野である。その一方，外来鳥の定着の歴史はより長く，場合によっては生態系にも社会にも深く根を張っているため，単純にその存在を非難すればよいとは限らない。また，根絶をしたくとも，鳥は移動性が強く拡散しやすいため，実際には対策が取れない場合もある。日本における外来鳥の議論は，まだ始まったばかりだ。

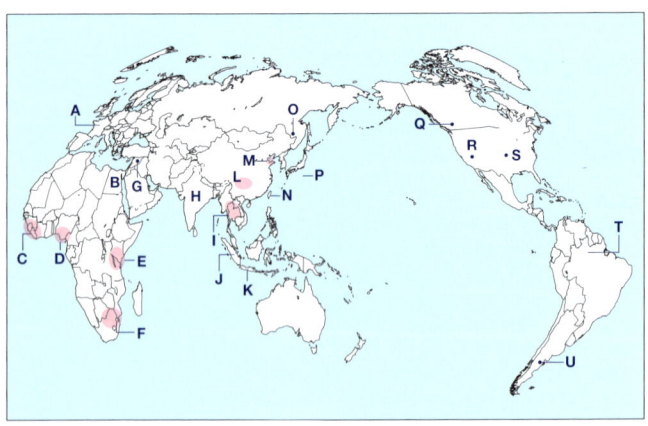

●本書で紹介する外来鳥の主な原産国
A フランス：ガチョウ，コブハクチョウ
B エジプト：エジプトガン
C 西アフリカ：ホロホロチョウ
D 中央アフリカ：ホウコウチョウ，カエデチョウ
E 東アフリカ：メンハタオリドリ，テンニンチョウ，ホウオウジャク
F 南アフリカ：キンランチョウ，オウゴンチョウ
G 中東：ドバト
H インド：インドクジャク，インドトキコウ，シラコバト，オオホンセイインコ，ホンセイインコ，ハイイロハッカ，モリハッカ，インドハッカ，ギンパラ
I 東南アジア：ニワトリ，ダルマインコ，コウラウン，ホオジロムクドリ，コウヨウジャク，ベニスズメ，コシジロキンパラ，シマキンパラ，キンパラ
J インドネシア（スマトラ島）：ヘキチョウ
K インドネシア（ジャワ島）：ジャワハッカ，ブンチョウ
L 中国南部：コジュケイ，シナガチョウ，アヒル，トキ，ガビチョウ，ヒゲガビチョウ，カオグロガビチョウ，カオジロガビチョウ，ソウシチョウ
M 中国東部：コウライキジ，カササギ
N 台湾：ヤマムスメ，シロガシラ
O ロシア極東：コウノトリ
P 伊豆諸島：アホウドリ
Q カナダ：カナダガン
R アメリカ西部：クロエリセイタカシギ
S アメリカ中部：コリンウズラ，シチメンチョウ，アメリカオシ
T ブラジル北部：バリケン
U アルゼンチン：オキナインコ，コウカンチョウ

国境を越えない外来鳥
国内移入

　「外来種」という言葉に対して，国外から持ち込まれた生物をイメージすることが少なからずある。しかし，生物の分布を考えるうえで，人間が設定した国境に大きな意味はない。国内であっても，自然の生息地からの持ち込みがあれば，それは外来生物である。また，外来「種」と言った場合，種が単位と考えられがちだが，亜種やそれ以下の単位であればよいということはない。ある繁殖集団に属する個体が，遺伝的交流のない別の集団の所在地に持ち込まれれば，たとえ同種，同亜種内であっても，遺伝的攪乱等の問題を引き起こす可能性がある。

　日本では狩猟を目的として，人工繁殖させたキジやヤマドリの放鳥が現在も継続されている。これに対しては，環境省により「鳥獣保護を図るための事業を実施するための基本的な指針」が公布され，生態系への影響に対する配慮が求められ，放鳥場所に生息する亜種と同じ亜種だけを人工増殖させることや，病原体のキャリアになるおそれがない個体を使うことなどが示されている。しかし，長い歴史の中では，キジやヤマドリが自然分布しない沖縄や小笠原，北海道などを含め，さまざまな場所で放鳥が行われている。人工繁殖個体は捕食者に対する警戒が十分でないため，ほとんどが放鳥後，短期間のうちに死亡すると考えられているが，もちろん生き残って野生集団と交配するものも少なからずいたはずだ。

🔵 鶯谷駅（東京都台東区）［栄村］

　狩猟鳥だけでなく，愛玩用飼養鳥の国内移入も生じている。例えば，メジロやウグイスは古くから飼養鳥として親しまれてきているため，日本各地で捕獲された個体が流通し，逸出していると考えられる。東京の上野の近くには「鶯谷（うぐいすだに）」という，いわくありげな地名がある。これは江戸時代，この地にある寛永寺の住職であった公弁法親王が，江戸のウグイスの声の悪さを嘆き，尾形乾山に京都からウグイスを運ばせて放鳥したことが地名の由来とされている。「恐れ入谷の鬼子母神」である。

　ただし，狩猟鳥にしろ，愛玩鳥にしろ，実際にどのくらい遺伝的攪乱が生じているかについては，きちんと調べられているわけではない。歴史が古く，攪乱前の状態がわからないこと，国外からの外来鳥に比べて目立たないため，ついつい調査が後回しになってしまうことが原因だろう。

🔻 寛永寺（東京都台東区）［栄村］

●本書の使い方

本書では日本で記録のある外来鳥のうち，野外での繁殖が確認されているもの，あるいはその可能性が高いもの。または家禽として移入されたものが逸出したものを中心に61種を掲載した。国内分布は過去に記録のあった地域を示しており，必ずしも現在の分布とは一致していない。

①**種名・学名・分類・全長**：科の配列等は基本的に国際鳥類学会議のリストに従った。

②**カテゴリー**：移入の大まかな由来を示す

家禽：食用，農業用の飼育鳥に由来するもの

狩猟：狩猟の目的で移入した鳥

愛玩：個人や施設の愛玩目的の飼養鳥由来のもの

国内移入：国内の他地域から個体を移入したもの

再導入：野生個体群が絶滅した地域に，保全を目的として他地域由来の個体を移入したもの

③**外来生物法のカテゴリー**：「特定外来生物」「要注意外来生物」を明示した

④**生息環境**：観察できる環境を示した。

⑤**形態**：外見上の特徴や雌雄の違いを解説

⑥**声**

⑦**移入の経緯**：野生化の原因を解説

⑧**類似種**：在来種や他の外来種との識別ポイントを示した

⑨**生態**：採食や繁殖について解説

⑩**メモ**：個体数の変動や原産地での生態，利用の例などを示した

⑪**国内分布**：野外での観察記録がある地域(赤)と生息の可能性のある地域(ピンク)を示した

●用語解説

遺伝的攪乱（いでんてきかくらん）……外来生物と在来生物が交雑することで，在来生物の集団がもつ，地域に特有の遺伝的特徴が失われること。

外来生物（がいらいせいぶつ）……自然分布しない場所に対して人為的に導入された種，亜種，またはそれ以下の分類群の生物。

外来生物法（がいらいせいぶつほう）……環境省により2005年6月1日に施行された「特定外来生物による生態系等に係る被害の防止に関する法律」のこと。特定外来生物の飼養，栽培，保管，運搬，輸入などの取り扱いを規制し，防除等を行うことを目的としている。

侵略的外来生物（しんりゃくてきがいらいせいぶつ）……外来生物のうち，移入先の生物多様性を著しく脅かす生物。

世界の侵略的外来生物ワースト100……IUCN(国際自然保護連合)により定められた特に生態系等への影響が大きい生物のリスト。鳥類からはシリアカヒヨドリ，インドハッカ，ホシムクドリの3種がランクインしている。

特定外来生物（とくていがいらいせいぶつ）……生態系や経済，人身等に被害を与えるおそれのある外来生物であり，規制や防除の対象となるもの。外来生物法により指定される。個体のみでなく，卵，種子，器官なども含まれる。

要注意外来生物（ようちゅういがいらいせいぶつ）……特定外来生物とは違い，飼養などの規制はないが，生態系に悪影響を及ぼす可能性があるため注意して取り扱う必要がある外来生物。外来生物法で指定されている。インドクジャクやカナダガン，コリンウズラなど。

●鳥の各部名称（ソウシチョウ）

眼（虹彩）
額
嘴
頰
喉
胸
腹
眉斑
後頭
後頸
雨覆
背
腰
上尾筒
尾羽
下尾筒
風切羽（初列・次列・三列）
脇
足（跗蹠）
足（趾）
冠羽

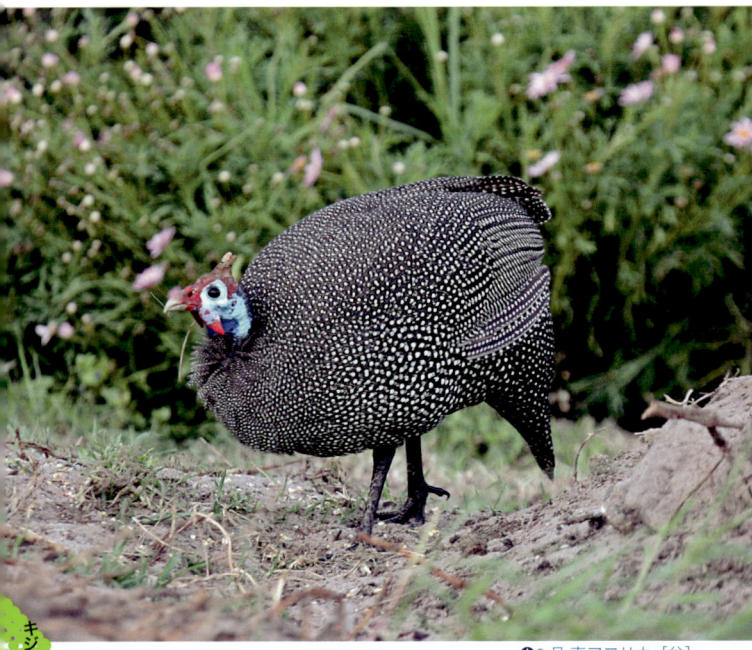

ホロホロチョウ　ホロホロチョウ科 55cm　*Numida meleagris var. domesticus*　家禽

キジ目

▲9月 南アフリカ［谷］

生息場所●草原，農耕地
形態●黒い体に白い水玉模様，頬は白く，嘴は赤い。全身が白い品種もある。
声●ギャァ，ギャァなど。
移入の経緯●八重山諸島の黒島では，食用資源として実験的に放鳥。
生態●原産地のアフリカのサバンナでは集団で地上で採食し，時には1,000羽を超える大群になることもある。
メモ●紀元前2400年ごろにはすでにエジプトのピラミッドの壁画に登場する。日本ではあまり食べられないが，フランスでは飼育されている鳥の30％がホロホロチョウである。卵の殻が固く，机の角にぶつけてもなかなか割れない。

原産：アフリカ

▼ 砂浴び（飼育個体）　10月［川上］

コリンウズラ ナンベイウズラ科 25cm *Colinus virginianus* 狩猟

要注意外来生物

🔺10月 神奈川 [石田]

キジ目

生息場所●疎林，草原，河川敷，農耕地
形態●全身が褐色で，黒い頬と，眉斑と喉の白さが目立つ。
声●ボブホワイトなど。
移入の経緯●猟犬の訓練のため放鳥。
類似種●ウズラと似ているが，本種の方がひと回り大きい。オスの顔の白黒が明瞭。

生態●草原などの開けた場所に生息し，種子や昆虫などを食べる。繁殖が終わると10～20羽の群れを作る。
メモ●1980年代から放鳥されるようになった。野生下で繁殖している可能性が高い。本種に限らず，キジ類は狩猟関連目的で移入されることが多く，イワシャコやキンケイ（東京〈三宅島，御蔵島〉），オナガキジ（栃木，東京，岡山）なども放鳥されたことがある。

原産：北米中東部，メキシコ

🔻10月 神奈川 [石田]

シチメンチョウ キジ科 120cm *Meleagris gallopavo var. domesticus* 家禽

🔺1月 東京:硫黄島［川上］

生息場所●灌木林，草原，農耕地
形態●野生種は体が黒く，頭が赤い。体が白色や褐色の品種もある。
声●ゴロゴロゴロ。
移入の経緯●食用の放し飼いから逸出。
生態●繁殖期には一夫多妻の小群で生活し，非繁殖期にはオスだけの群れを作る。興奮すると頭の色が赤，青，紫などに急変する。

メモ●以前は国内で年間数万羽が生産されていたが，最近は年間1,000羽程度となっている。原産地は北米だが，トルコを介してヨーロッパに伝わったホロホロチョウと混同されたため，トルコを表すターキー（Turkey）という英語名がついたらしい。

🔻5月 アメリカ［藤原］

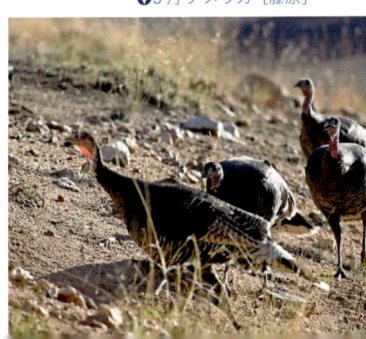

原産…アメリカ，メキシコ

キジ目

コジュケイ

キジ科 30cm　*Bambusicola thoracicus*　狩猟

▲ オス　12月 東京

生息場所● 低山の樹林帯，公園，河川敷，農耕地
形態● 上面は淡褐色に茶褐色の斑。頬が赤く，額と胸が青灰色。
声● チョットコイ，ピーッなど。
移入の経緯● 狩猟目的で放鳥され，野生下で繁殖。
類似種● キジ，ヤマドリのメスに似るが，これらには頭部や胸部の青灰色部がない。
生態● 森林から草原の地上で採食し，渡りを行わない。このため積雪地帯では冬を生き残れず，北海道にも移入されたが定着しなかった。
メモ● 1919年の神奈川での放鳥が最初の記録。兵庫県六甲山には亜種テッケイが野生化している。島嶼も含めく各地に移入され，自衛隊しかいない火山列島の硫黄島でも野生化している。

原産：中国東南部

▼ 幼鳥　8月 東京

キジ目

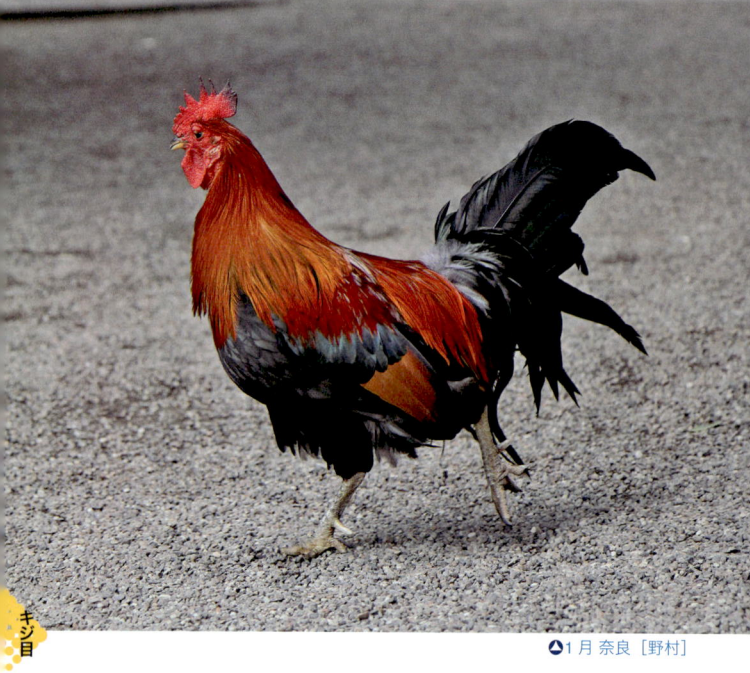

| ニワトリ | キジ科 20〜90cm | *Gallus gallus var. domesticus* | 家禽 |

🔊 1月 奈良 [野村]

生息場所●灌木林，草原，農耕地，社寺林
形態●白，黒，褐色などさまざまな品種がある。オスの大きな鶏冠(とさか)が特徴的。
声●コケコッコー。
移入の経緯●食用の放し飼いから逸出。
生態●地面を歩きながら，種子や昆虫などを食べる。短距離なら飛ぶこともでき，樹上でねぐらをとる。蹴爪(けづめ)で闘争する。
メモ●世界で最も多くの論文が書かれている鳥。国内だけで年間約7億羽の雛が出荷されている。人間にとって最も身近な鳥だが，ほとんど飛ばないため，一般的な鳥の代表にはなっていない。

　世界で最も有名なニワトリは「首なしチキンのマイク」だ。1945年に食用で頭部を切り落とされたこのニワトリは，その後18ヶ月生存し続けた。マイクの故郷であるコロラド州フルータ地区では，5月の第3週末日を記念日としている。

原産：東南アジア
全国各地

キジ目

▼ バリエーション

1月 奈良[野村]　4月 奈良[野村]

1月 奈良[野村]　1月 奈良[野村]

キジ目

1月 奈良[野村]　4月 鹿児島[野村]

15

ヤマドリ

キジ科 125cm　*Syrmaticus soemmerringii*　国内移入

▲ オス　2月 岩手

生息場所●森林，灌木林
形態●オスは銅褐色の羽色に，長い尾羽をもち，眼の周りが赤い。メスは全身茶色で地味。
声●ドッドッドッ（ドラミング）。
移入の経緯●狩猟目的で放鳥され，野生下で繁殖。
類似種●メスはキジのメスと似る。
生態●森林で，地上を歩きながら草や昆虫などをよく食べる。オス同士で蹴爪（けづめ）を使って激しく闘う。
メモ●亜種ヤマドリ，亜種ウスアカヤマドリ，亜種コシジロヤマドリが各地に放鳥されている。日本の国鳥の座をキジと争った歴史があるが，「桃太郎」によって有名になったキジに軍配が上がり，あえなく落選。「山鳥」という特徴のない名前も悪かったのではないだろうか。

原産：本州，九州，四国

▼ メス　2月 岩手

コウライキジ キジ科 80cm *Phasianus colchicus* 狩猟

◎ オス 9月 沖縄：石垣島

生息場所●灌木林，草原，農耕地
形態●オスは頭が黒緑色で頸に白い輪があり，体は褐色に白や黒の斑。メスは全身褐色で黒斑がある。
声●ケーン，コォーなど。
移入の経緯●狩猟目的で放鳥され，野生下で繁殖。
類似種●在来のキジに似ているが，オスの白い頭輪がない。

原産：中国東南部，朝鮮半島

生態●草原で歩きながら生活する。草陰に身を潜め，ここぞというときに瞬発的に飛び立って逃げる。
メモ●北海道では1930年から当時の農林省により放鳥された。対馬の集団は，17世紀以前に朝鮮から輸入して放鳥した系統である。本州各地の在来キジとの交雑個体らしい姿も見られている。「桃太郎」の絵本では在来キジではなく，本種を連れていることがたまにある。

◀ メス 9月 沖縄：石垣島

インドクジャク キジ科 200cm *Pavo cristatus* 愛玩

要注意外来生物

○ オス（飼育個体） 3月

生息場所●低山の樹林帯，草原，農耕地
形態●オスは青い体に長い上尾筒が特徴。メスは全身褐色。
声●ニャーン，クワォーンなど。
移入の経緯●観光用や個人での飼育個体が逸出。
類似種●メスはキジやヤマドリのメスに似るが，本種のほうがはるかに大きい。

生態●森林から草原の地上で過ごし，果実，種子，草，昆虫，地上性小動物など，さまざまなものを食べる。繁殖は一夫多妻で，羽を広げるディスプレイが有名だが，これは尾羽ではなく上尾筒である。
メモ●八重山諸島の小浜島，新城島，与那国島では駆除が行われている。樹上でねぐらをとるので，早朝などに突然頭上から飛び立たれると，びっくりさせられる。

原産：南アジア。小豆島（香川県）や大隅諸島，硫黄島（鹿児島県），宮古諸島（沖縄県）にも移入

○ メス（飼育個体） 10月［猪狩］

シナガチョウ カモ科 80cm *Anser cygnoides var. domesticus* 家禽

△5月 青森

生息場所●湖沼，河川，公園
形態●原種のサカツラガンに似た羽色のものから，全身白色のものまで，羽色に変異がある。
声●コォー，グワァーなど。
移入の経緯●食用，愛玩用の飼養鳥が逸出。
類似種●原種のサカツラガンに似るが，本種は額にコブがある。

全国各地

原産…原種のサカツラガンは中国，ロシアなどで繁殖

生態●胸を張って地上を歩きながら，草をよく食べる。警戒心が強く，見知らぬ相手には大声でわめき散らす。
メモ●一般にガチョウと呼ばれるのは，中国系の本種とハイイロガンを家禽化したヨーロッパ系の「ガチョウ」があるが，両種の交配品種もある。本種のほうがより起源が古いと考えられているが，家禽化の歴史が古いため詳細は不明。番犬代わりや雑草の草刈りにも使われる。

▼ シロガチョウ 5月 青森

ガチョウ カモ科 90cm *Anser anser var. domesticus* 家禽

▲ ツールーズ系 11月 山形

カモ目

生息場所●湖沼，河川，公園
形態●原種のハイイロガンに似たものから白色のものまでさまざま。
声●グワァッなど。
移入の経緯●食用，愛玩用の飼養鳥が逸出。
類似種●ハイイロガンに羽色が似たものは識別が難しい。
生態●水辺を好み，水面を泳ぎながら水草などを採食する。原種は渡り鳥だが，品種改良のため体が重く，ほとんど飛ぶことはできない。
メモ●主要な品種として，エムデン系とツールーズ系の二系統がある。「ガチョウの起源は古代エジプト」というような記述を見かけることがあるが，これは本種ではなくエジプトガンのことだ。

全国各地

原産：原種のハイイロガンはヨーロッパ，ロシアなどで繁殖

▼ ツールーズ系 5月 青森

日本の鳥も外来鳥に
ハワイ日本化計画

◎ヤマガラ［中村］

　日本人におなじみのハワイは外来鳥の島だ。オアフ島で普通に見られる鳥の9割方は外来鳥で，ガビチョウやソウシチョウなど，日本でもなじみのある鳥もいる。実はこの状況には我々日本人も片棒を担いでいる。日本由来の外来鳥の種数は少数ではあるが，いずれにせよ，舞台が変われば日本も加害者側だ。

　メジロやウグイス，ヤマガラは，日本人の移民により20世紀前半にハワイに持ち込まれた。メジロはハワイの主要な島のほとんどで野生化し，ハワイの在来鳥の生息密度を減らしたり，外来種を含む多くの植物の種子を散布したりと外来種ライフを満喫，ハワイの優占種の1つにまでなっている。一方ウグイスは，オアフ島，モロカイ島，ラナイ島，マウイ島，カウアイ島で野生化した。ヤマガラはオアフ島とカウアイ島で一時的に定着したものの，1963年以後は観察されていない。

　これらの鳥は，祖国を離れた人々には故郷を思い起こされる存在だったはずだ。日本に限らず，各国の移民は，自国の飼養鳥を積極的に野生化させている。誰だって，祖国は恋しいものなのだ。そのほかにも，ハワイには日本からキジやウズラも移入されている。これらの種は狩猟を目的に北米やイギリスにも導入された。日本人に親しまれている種としてはオシドリもヨーロッパに移入されているが，こちらは香港などから持ち込まれたもののようだ。

　各地の鳥をお互いに移入しあうと，地域ごとの鳥相（生物相）の独自性はなくなり，世界中が同じような鳥相になってしまう。このように生物相が均質化し，地域のユニークさを喪失することも，生物多様性の劣化の1つの側面である。

◉オシドリ［中村］

カナダガン カモ科 110cm *Branta canadensis* 愛玩

要注意外来生物

🔺1月 山梨

カモ目

生息場所●湖沼，公園
形態●頸から上が黒く，頬が白い。体は褐色。
声●ホーンク，ホーンクなど。
移入の経緯●観賞用の放し飼いから逸出し，野生下で繁殖。
類似種●冬に飛来するシジュウカラガンは体が小さく，頭頂が平らで頸や嘴は短く，白〜灰色の頸輪がある。

原産：カナダ，アメリカ北部，ヨーロッパ北部

生態●水辺の草地で繁殖することが多い。原産地では，住宅地周辺にも定着し，農作物を採食する害鳥ともなっている。
メモ●北米では狩猟や生息地破壊，野生化したキツネによる捕食のため，絶滅寸前となったが，保全により個体数が増加，現在では珍しくない種となった。以前は自然分布するシジュウカラガンの亜種とされていたが，最近は別種とすることが多い。

🔻シジュウカラガン　飼育個体（以前は同種とされていた）1月 東京［川上］

郵 便 は が き

１６２－８７９０

料金受取人払郵便

牛込支店承認

1350

差出有効期間
2013年
3月31日まで

東京都新宿区西五軒町２―５
川上ビル

文一総合出版　編集部

ご住所	フリガナ 〒　　－ 　　　　都道 　　　　府県

お名前	フリガナ	性別	年齢
		男・女	

ご職業		ご趣味	

◆ご記入された個人情報は、ご注文いただいた商品の配送，確認の連絡および，小社新刊案内等をお送りするために利用し，それ以外での利用はいたしません。
◆弊社出版目録・新刊案内の送付（無料）を希望されますか？（する・しない）

外来鳥ハンドブック　　　　　　　　　愛読者カード

平素は弊社の出版物をご愛読いただき、まことにありがとうございます。今後の出版物の参考にさせていただきますので、お手数ながら皆様のご意見、ご感想をお聞かせください。

◆この本を何でお知りになりましたか
1. 新聞広告（新聞名　　　　　　　　　）　4. 書店店頭
2. 雑誌広告（雑誌名　　　　　　　　　）　5. 人から聞いて
3. 書評（掲載紙・誌　　　　　　　　　）　6. 授業・講演会等
7. その他（　　　　　　　　　　　　　　　　　　　　　　）

◆この本を購入された書店名をお知らせください

(　　　　都道府県　　　　　　市町村　　　　　　　書店)

◆この本について（該当のものに○をおつけください）

	不満		ふつう		満足
価　格	▎	▎	▎	▎	▎
装　丁	▎	▎	▎	▎	▎
内　容	▎	▎	▎	▎	▎
読みやすさ	▎	▎	▎	▎	▎

◆この本についてのご意見・ご感想をお聞かせください

◆小社図鑑へ今後どのようなテーマを希望されますか？

◆小社の新刊情報は、まぐまぐメールマガジンから配信しています。
ご希望の方は、小社ホームページ（下記）よりご登録ください。
http://www.bun-ichi.co.jp

コクチョウ カモ科 140cm *Cygnus atratus* 愛玩

📷 2月 埼玉

生息場所●湖沼，公園
形態●全身黒色で，風切羽のみ白い。
声●コゥーコゥー，ピィーなど。
移入の経緯●食用，愛玩用の飼養鳥が逸出。
類似種●観賞用の放し飼いから逸出し，野生下で繁殖。
生態●日本では主に秋から冬に繁殖するが，これは原産地オーストラリアの繁殖期の夏に同調している。
メモ●本種の名前を有名にしたのは1876年に書かれたバレエ「白鳥の湖」である。舞台はドイツであり，オーストラリア原産の本種と白鳥が出会うことは未来ない。しかし，1851年には本種がイギリスに移入されており，当時すでにヨーロッパでは知られた種だったのかもしれない。

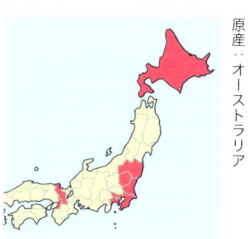

原産：オーストラリア

🔽 親子　1月 茨城［藤原］

カモ目

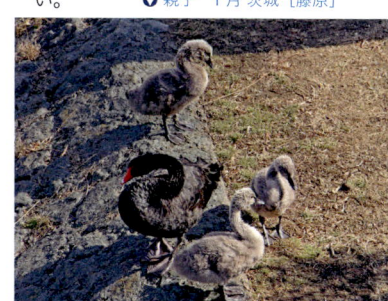

コブハクチョウ カモ科 140cm *Cygnus olor* 愛玩

▲ オス　2月　埼玉

カモ目

生息場所●湖沼，公園
形態●体は白く，嘴はオレンジで基部に黒いコブがある。幼鳥は灰色。
声●グワーッ，ブァーッなど。
移入の経緯●観賞用の放し飼いから逸出し，野生下で繁殖。
類似種●オオハクチョウ，コハクチョウに似るが，これらは嘴が黄色でコブがない。

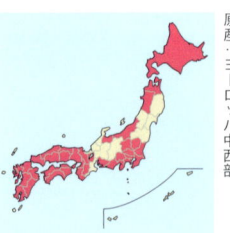

原産：ヨーロッパ中西部

生態●水辺を歩いたり，水面を泳いだりしながら，水草や草本などを食べる。長距離の渡りを行う。
メモ●1933年に八丈島で捕獲された個体は自然分布とされている。各地で放し飼いにされているため，移入個体と考えられることが多いが，自然渡来個体が混じっている可能性は否定できない。北海道のウトナイ湖で繁殖した個体が，茨城県霞ヶ浦まで渡ったことが確認されている。

▼ 親子　5月　大阪　[松村万]

エジプトガン カモ科 65cm *Alopochen aegyptiaca* 愛玩

🔼2月 滋賀 [石井]

生息場所●湖沼,河川,公園
形態●全身淡褐色で,眼の周りは茶色,足はピンク色。
声●ガァガァなど。
移入の経緯●愛玩用の飼育個体が逸出。
生態●種子や穀類,水草などを食べる。水辺の草地のほか,公園の樹洞の中に営巣することもある。

メモ●古代エジプトでは本種を家禽化していた。フォアグラの起源は,この古代エジプトのガチョウと考えられている。なお,最近のフォアグラは,ハイイロガン起源のガチョウとバリケンから作られている。「ガン」と名付けられているが,系統的にはツクシガモに近い仲間である。

原産:アフリカ

カモ目

🔼2月 滋賀 [石井]

バリケン カモ科 70cm *Cairina moschata var. domestica* 家禽

▲ メス　5月 新潟

カモ目

生息場所● 河川敷，湖沼畔，公園
形態● 体は白く，黒色が混じることが多い。全身が白または黒の個体もいる。顔に赤い裸出部がある。オスの嘴基部にはコブがある。
声● グワッ，ガーッなど。
移入の経緯● 食用として飼育されるが，一部が野生化。
類似種● アヒルに似るが頭部に裸出部はない。
生態● 地上を歩いたり，池や川で泳ぎながら，種子や草，昆虫などを食べる。繁殖は一夫多妻で，巣は樹洞などに作る。
メモ● 紀元前600年ごろまでに原種であるノバリケンが家禽化された。ヨーロッパ，中国を経て日本に持ち込まれたため，「フランスガモ」「タイワンアヒル」などとも呼ばれる。フランス料理ではちょっとした高級食材。

原産：中南米
全国各地

▼ オス　8月 新潟

アメリカオシ

カモ科 45cm *Aix sponsa* 愛玩

▲ オス 11月 香港

生息場所●湖沼，公園
形態●オスは黒緑色の頭部から後に冠羽が伸びる。喉や胸の白線が目立つ。メスは全身灰褐色で顔に白斑がある。
声●ウィーッ。
移入の経緯●観賞用の放し飼いから逸出。
類似種●メスはオシドリに似るが，本種のほうが眼の周囲の白色部の幅が広い。
生態●池や川で泳ぎながら水草などを採食する。原産地の北部の集団は渡りを行う。
メモ●原産地では狩猟や営巣地の森林伐採などのため個体数が減少し，1900年ごろには絶滅が危ぶまれた。狩猟を制限した結果，個体数は回復，現在は200万羽以上に増えている。

原産：北米

カモ目

▼ メス 1月 東京

アヒル　カモ科 60cm　*Anas platyrhynchos var. domestica*　家禽

🔼 アオクビアヒル（オス）　2月 埼玉

カモ目

生息場所●河川敷，湖沼，公園
形態●白い体に黄色い嘴のシロアヒルやマガモと似た羽色のアオクビアヒルなどがいる。
声●グワッ，ガーッなど。
移入の経緯●食用，愛玩用，農業用に飼養されていたものが逸出し，野生下で繁殖。
類似種●マガモとの交雑個体を「アイガモ」と呼び，マガモに似る。
生態●池や川で泳ぎながら採食し，水辺で休息する。品種改良のため体が重く，あまり飛べない。
メモ●世界各地で飼育され，日本には少なくとも鎌倉時代に中国から輸入されていた。中華食材の「ピータン」は，本種の卵をアルカリ条件下で熟成させたものである。

原産・原種のマガモは北半球中緯度地域
全国各地

🔽 親子　6月 山梨

◆ バリエーション

カモ目

11月 滋賀

シロアヒル 8月 新潟　クロアヒル（メス）8月 新潟

11月 東京　クロアヒル（オス）11月 東京

アホウドリ

アホウドリ科 100cm　*Phoebastria albatrus*　再導入

🔺 野生個体　3月 東京：鳥島

ミズナギドリ目

生息場所●海洋
形態●成虫は全身白色で翼が黒い。頭が黄色く，嘴がピンク。
声●ヴァァァァ，ブァァァァなど。
移入の経緯●野生個体群が絶滅したため，人為的に再導入。
類似種●コアホウドリに似るが，本種は体が大きく，背が白い。
生態●海上をグライディングで飛び回り，海表面の魚やイカなどを採食する。
メモ●19世紀後半，ニューヨークの貴婦人の間で帽子に白く大きな風切羽を飾ることが流行。このため，日本で捕獲されたアホウドリ類の羽毛も多数輸出された。小笠原諸島では乱獲で繁殖集団が絶滅し，現在は伊豆諸島の鳥島産の雛の人工育雛による放鳥事業が進められている。

原産：鳥島（伊豆諸島），尖閣諸島

🔻 再導入事業地に飛来した野生個体の若鳥
3月 東京：智島［川上］

インドトキコウ　コウノトリ科 90cm　*Mycteria leucocephala*　愛玩

🔺10月 愛知

生息場所●干潟，水辺
形態●顔は赤色で嘴は黄色。体は白い。
声●巣の周辺以外ではあまり鳴かない。
移入の経緯●観賞用の飼育個体が逸出。
類似種●コウノトリに似るが，コウノトリは嘴が黒く，より大形。
生態●湿地や河川などで，魚やカエル，カニなどをよく食べる。森林で集団繁殖し，時にはサギ類と一緒に繁殖する。
メモ●動物園などで飼育される個体が多く，日本で見られる個体は基本的に移入個体と考えられている。原産地では準絶滅危惧種に指定されている。

コウノトリ目

原産：南アジア，東南アジア

🔻 群れ　8月 スリランカ［松村万］

コウノトリ

コウノトリ科 110cm　*Ciconia boyciana*　再導入

野生個体 1月 千葉［藤原］

生息場所●湿地，水田，農耕地
形態●全身が白く，風切羽が黒い。足は赤い。
声●カタカタカタッ(クラッタリング)。
移入の経緯●野生個体群が絶滅したため，人為的に再導入。
類似種●タンチョウに似るが，タンチョウは顔，喉，足が黒い。
生態●湿地で魚，甲殻類，カエルなどをよく食べる。あまり鳴かず，嘴を叩き合わせる「クラッタリング」によりコミュニケーションをする。
メモ●繁殖個体群が絶滅したため，兵庫県豊岡市で人工繁殖個体の野生復帰事業が行われている。また，野生個体も全国各地で冬鳥として飛来することがある。ちなみに，赤ちゃんを運ぶ逸話があるのはヨーロッパの近縁種シュバシコウである。

原産：東アジア

野生個体 12月 静岡

トキ

トキ科 75cm　*Nipponia nippon*　再導入

▲ 放鳥個体　3月 長野［神戸］

生息場所●農耕地，湿地，森林
形態●繁殖期には体が灰色で，翼の下面が薄い朱色になる。顔と足が赤い。
声●グァーッ，カッカッなど。
移入の経緯●野生個体群が絶滅したため，人為的に再導入。
類似種●クロトキに似るが，クロトキは頭と足は黒い。

生態●湿地や水田で，ドジョウやカエルなどをよく食べる。十数羽の小群を作って行動することが多い。
メモ●繁殖期になると，首にある分泌腺から黒い物質を出し，これを羽毛に塗ることで灰色の繁殖羽になる。このように分泌物を使った化粧による羽色変化は，フラミンゴにも見られる。

▼ 放鳥個体　5月 新潟

原産：東アジア

ペリカン目

クロエリセイタカシギ セイタカシギ科 35cm *Himantopus mexicanus* 愛玩

要注意外来生物

🔺9月 京都［石井］

生息場所●湿地，干潟，水田
形態●体の下面は白く，上面は頭から背，翼にかけて黒い。細長い嘴とピンクの長い足が特徴。
声●ケレッケレッ
移入の経緯●飼育個体を放鳥。
類似種●セイタカシギに似るが，本種は頭や首が黒い。

生態●干潟や湿地の浅瀬などで，甲殻類やゴカイ，水生昆虫などを採食する。
メモ●奈良県で2001年に，個人が飼育していた個体が意図的に多数放鳥され，周辺地域で観察されている。大阪ではセイタカシギとの交雑が起きていると考えられている。

🔻6月 ハワイ［松村万］

チドリ目

原産：アメリカ西南部，中南米

シラコバト ハト科 32cm *Streptopelia decaocto* 狩猟

○1月 埼玉

生息場所●都市近郊林，草原，農耕地，公園
形態●全身灰色で，首の後ろに黒い横線がある。
声●ククゥー，ポポポーなど。
移入の経緯●江戸時代に鷹狩りの獲物として放鳥。
類似種●ベニバトのメスに似るが，本種のほうが体が大きい。

生態●農耕地などで地面を歩き，草の実などを採食する。よく電線などの目立つところに止まって鳴く。
メモ●外来鳥ではあるが，すでに地域社会の一部として親しまれている（埼玉県の県鳥，越谷市の市鳥）。本種はポポポーと三音で鳴くため，童謡「はとぽっぽ」のモチーフだといわれることも多い。西日本での記録もあるが，こちらは自然分布の可能性がある。

○12月 埼玉

原産：ユーラシア，アフリカ北部

ハト目

ドバト　ハト科 35cm　*Columba livia var. domestica*　愛玩

🔼 原種に近い羽色　4月 東京

生息場所●都市近郊の林，草原，農耕地，公園
形態●白色，黒色，灰色，茶色など，羽色はさまざま。
声●クルゥ，ウーッなど。
移入の経緯●食用飼育からの逸出や式典での放鳥，レース鳩の野生化など，起源は多様で，日本では少なくとも平安時代から記録がある。

類似種●黒色の個体は，カラスバトに似ている。
生態●もとは種子食だが，今は雑食で，肉でも菓子でも採食する。
メモ●江戸時代以前は「堂鳩（だうばと），「塔鳩（たうばと）」などと呼ばれていたようだ。各国で食用とされ，日本食品標準成分表にもその栄養について記載がある。1960年ごろには年間300万羽以上が有害鳥獣駆除されていたが，最近は7〜8万羽程度で推移している。

原産：原種のカワラバトの原産地は地中海沿岸から南アジア辺りと考えられることが多いが，正確には不明。

🔽 交尾　7月 京都［松村万］

◯ バリエーション

8月 東京

4月 京都［野村］　3月 千葉［中村］

6月 東京　11月 東京

ハト目

セキセイインコ インコ科 18cm *Melopsittacus undulatus var. domesticus* 愛玩

🔺11月 オーストラリア

生息場所●農耕地，公園，河川敷，住宅地
形態●野生個体は緑色だが，黄色や青色など，さまざまな品種がいる。
声●キュルッ，ピルッ，カララなど。
移入の経緯●愛玩用の飼育個体が逸出し，野生下で繁殖。
生態●原産地では大群を作り，草の種子をよく食べる。乾燥に強く，水の少ない地域でも生きていくことができる。
メモ●多数の品種があり，羽色も多様。人間の言葉を覚えることもしばしばある。飼い鳥として人気があるため多数飼育されており，野外で繁殖している個体よりも，逸出個体そのものが見られることの方が多そうだ。

🔻7月 京都［石井］

原産：オーストラリア

インコ目

オオホンセイインコ

インコ科 55cm *Psittacula eupatria* 愛玩

生息場所● 住宅地，公園

形態● 全身緑色で嘴が赤い。オスには喉に黒い環のような模様がある。

声● クゥー，キュッなど。

移入の経緯● 愛玩用の飼育個体が逸出し，野生下で繁殖。

類似種● ホンセイインコはより小さく，肩や後頸に赤紫色の部分はない。

生態● 夜はヤシの木に集団でねぐらをとる。

メモ● アレキサンダー大王のインド遠征によって，ヨーロッパに初めて持ち込まれたインコといわれている。このため，以前は「インドオウム」という呼び方をされることもあった。

原産：ユーラシア南部

● オス 11月 香港

● メス 8月 スリランカ ［松村万］

インコ目

ホンセイインコ インコ科 40cm *Psittacula krameri* 愛玩

▲ オス 3月 東京

生息場所●住宅地，公園，社寺林
形態●全身緑色で，嘴が赤い。首に黒い輪のある亜種ワカケホンセイインコがよく見られる。
声●キィー，キュルッなど。
移入の経緯●愛玩用の飼育個体が逸出し，野生下で繁殖。
類似種●オオホンセイインコはより大きく，肩や後頸に赤紫色部がある。

生態●樹洞などの穴の中で繁殖し，日本ではケヤキの樹洞などをよく利用する。集団でねぐらをとる。
メモ●東京では1960年代から観察されている。一時期は各地で見られたが，最近は関東以外では個体群が縮小しほとんど見られなくなった。集団ねぐらでは1,000羽を越える群れになることがある。

原産：アフリカから南アジア

▼ メス 8月 スリランカ［松村万］

インコ目

ダルマインコ インコ科 33cm *Psittacula alexandri* 愛玩

▲ 左:オス, 右:メス　3月 タイ [松村伸]

生息場所●住宅地，公園
形態●上面は緑色で，胸〜腹部は肌色。頭部は灰色で翼の一部は黄色。オスの嘴は赤く，メスは黒色。
声●アーアー，クゥーなど。
移入の経緯●愛玩用の飼育個体が逸出し，野生下で繁殖。
生態●小群を作って行動し，樹洞で営巣する。

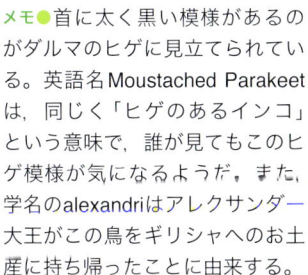

メモ●首に太く黒い模様があるのがダルマのヒゲに見立てられている。英語名 Moustached Parakeet は，同じく「ヒゲのあるインコ」という意味で，誰が見てもこのヒゲ模様が気になるようだ。また，学名の alexandri はアレクサンダー大王がこの鳥をギリシャへのお土産に持ち帰ったことに由来する。

原産：南アジア，東南アジア

▼ メス　3月 タイ [松村伸]

インコ目

オキナインコ インコ科 29cm *Myiopsitta monachus* 愛玩

🔺12月 アルゼンチン［谷］

生息場所●住宅地，公園
形態●全身緑色で，顔から胸は灰色。嘴はピンク色。
声●キュルッギュルッ，ギャアーギャアーなど。
移入の経緯●愛玩用の飼育個体が逸出し，野生下で繁殖。
生態●インコの多くは樹洞に営巣するが，本種は枝上に小枝を編んで営巣する。集団繁殖も行う。
メモ●兵庫では1970年代から80年代にかけて繁殖記録があったが，最近の繁殖記録はない。アメリカではアオカケスやコマツグミを襲って殺した例が知られている。確かにこの嘴で襲われたらたまらない。

🔻1月 ブラジル［谷］

原産：南米

ヤマムスメ　カラス科 65cm　*Urocissa caerulea*　愛玩

△5月 台湾 ［藤原］

生息場所●農耕地，住宅地
形態●体は青く，頭が黒，尾の先端が白，嘴と足は赤色。
声●ガァーガァーなど。
移入の経緯●愛玩用の飼育個体が逸出し，野生下で繁殖。
生態●雑食性で，よく群れを作って行動する。繁殖の手伝いをするヘルパーが知られている。

メモ●とても美しい姿と名前を持つ鳥で，台湾の国鳥である。しかし，やはりカラスの仲間なので，声があまりきれいではないし，ネズミを捕食することもある。兵庫では1970年代〜80年代に繁殖記録がある。

▽5月 台湾 ［藤原］

原産：台湾

スズメ目

カササギ　カラス科　45cm　*Pica pica*　愛玩

▲4月 佐賀

生息場所●農耕地，都市近郊林，市街地
形態●頭，背，胸などは黒く，腹は白い。翼と尾に青色光沢がある。
声●カシャカシャなど。
移入の経緯●愛玩用の飼育個体が逸出し，野生下で繁殖。
生態●主につがいで行動し，樹上のほか，電柱などにも営巣する。雑食性で何でも食べる。
メモ●日本には飛鳥時代の598年から輸入の記録がある。九州の個体群は，約400年前に朝鮮半島から持ち込まれたものが起源と考えられている。九州以外の個体群も移入分布と考えられることが多いが，自然分布の可能性も否定できない。北海道では1980年代から記録され，繁殖もしている。

原産：北半球中緯度地域

▼電柱にかけられた巣　4月 佐賀

スズメ目

コウラウン ヒヨドリ科 20cm *Pycnonotus jocosus* 愛玩

🔺12月 香港

生息場所●公園，住宅地
形態●頭から背面は黒褐色，眼の下に赤色，頬に白色の斑がある。
声●チチッ，ジェッ。
移入の経緯●愛玩用の飼育個体が逸出。
類似種●シロガシラに似るが，シロガシラには眼の下の赤斑や冠羽はない。

生態●雑食性で，果実を好んでよく食べる。このため，移入先で果実を食害して農業害鳥となる。
メモ●日本以外でも，ハワイやオーストラリアなど，世界各地で野生化している。江戸時代から輸入の記録がある。和名は一見不思議な感じだが，「紅羅雲」と書くと風雅に聞こえる。

🔻幼鳥　11月 香港

原産：南アジア，東南アジア

スズメ目

| シロガシラ | ヒヨドリ科 19cm | *Pycnonotus sinensis* | 愛玩 |

1月 沖縄［藤田］

生息場所●草原，農耕地，灌木林，住宅地
形態●後頭部が白く，頬は黒い。体上面は灰褐色で，腹は淡褐色。
声●キョロッ，グワッ，チョッなど。
移入の経緯●愛玩用の飼育個体が逸出し，野生下で繁殖。
類似種●八重山諸島の亜種シロガシラは後頭の白色部が小さく，背の灰色味も薄い。
生態●雑食性で昆虫も植物もよく食べる。沖縄島ではトマトやミカンなど，さまざまな農作物を食害して問題になっている。
メモ●八重山諸島の亜種は在来鳥だが，沖縄島周辺の亜種タイワンシロガシラは外来鳥。沖縄島では1970年代から増えはじめ，中南部を中心に分布を広げたが，自然に分布拡大した可能性も否定できない。

原産：台湾

亜種シロガシラ（在来）
3月 沖縄：与那国島

スズメ目

46

ガビチョウ チメドリ科 23cm *Garrulax canorus* 愛玩

特定外来生物

🕐 1月 東京

生息場所●平地から低山の森林
形態●全身赤褐色で、目の周囲から後方に白いすじ。
声●ホイピー、ギュルルッなど。
移入の経緯●愛玩用の飼育個体が逸出し、野生下で繁殖。
類似種●カオジロガビチョウ、ヒゲガビチョウと似るが、顔の白い模様の形が違う。ムクドリと混同することがある。

生態●主に地上で採食し、渡りをしないため、多雪地帯には定着できないようだ。なわばり意識が強く、大きな声でさえずる。やぶの中を好んで営巣する。
メモ●中国では人気のある飼い鳥だが、日本ではあまり人気がない。声が大きいので、日本の住宅事情に合わなかったのだろう。他種のさえずりを真似することもよくあり、時々だまされる。

🔽 巣 6月 東京[川上]

原産：中国南部、東南アジア北部

スズメ目

ヒゲガビチョウ チメドリ科 24cm *Garrulax cineraceus* 愛玩

🔺6月 愛媛 [岡井]

生息場所●低木層が発達した森林
形態●全身赤褐色で眼の周囲が白く，その下に黒いすじ。
声●フィーヨー，ホイホイなど。
移入の経緯●愛玩用の飼育個体が逸出し，野生下で繁殖。
類似種●ガビチョウ，カオジロガビチョウと似るが，顔の白い模様の形が違う。

生態●二次林や人工林などに低密度で生息している。林内の低木層を好んで利用し，あまり目立たない。
メモ●原産地では低標高地から，3,000m近い高山まで広い範囲に生息している。インドではハイタカジュウイチに托卵されているらしい。1998年から四国で記録されている。

🔻幼鳥 9月 愛媛 [岡井]

原産：中国南部，南アジア

スズメ目

48

カオグロガビチョウ

チメドリ科 30cm *Garrulax perspicillatus* 愛玩

🔼 11月 香港

特定外来生物

生息場所● 低地の農耕地周辺の林
形態● 顔は黒く，体は暗褐色。腹は灰白色。
声● ピュー，キョッなど。
移入の経緯● 愛玩用の飼育個体が逸出し，野生下で繁殖。
類似種● ヒヨドリに似ているが，ヒヨドリの頬は赤褐色。
生態● 農耕地の雑木林等に営巣し，昆虫や果実などを採食する。
メモ● 1970年代から観察されており，一時期は分布拡大が心配されたが，最近は個体群が縮小傾向にある。ガビチョウ，カオジロガビチョウとともに特定外来種に指定され，飼養・譲渡等が禁止されている。

🔽 2月 香港[野村]

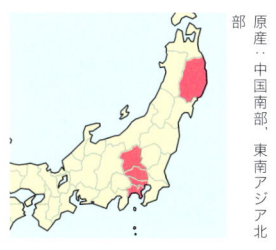

原産：中国南部，東南アジア北部

スズメ目

カオジロガビチョウ

チメドリ科 23cm | *Garrulax sannio* | 愛玩

特定外来生物

🔼 1月 中国 ［谷］

生息場所●灌木林
形態●全身茶褐色，頬と目の上に白い斑。
声●ジュッ，チィー。
移入の経緯●愛玩用の飼育個体が逸出し，野生下で繁殖。
類似種●ガビチョウ，ヒゲガビチョウと似るが，顔の白い模様の形が違う。

生態●ササやぶを好んで営巣する。雑食性で，昆虫や果実などを食べる。
メモ●1994年から群馬県赤城山の南面で確認され，多数が繁殖している。その後，徐々に分布を広げ，千葉や茨城などの平野部でも観察されるようになった。特定外来生物に指定されている。

🔽 巣と卵と雛　4月 群馬 ［東條］

原産：東南アジア，中国

ソウシチョウ　チメドリ科 15cm　*Leiothrix lutea*　愛玩

🔺1月 東京

特定外来生物

生息場所●低木層が発達した森林
形態●オリーブ色の体に赤い嘴，胸は黄色。
声●フィー，チョッ，ギチギチッなど。
移入の経緯●愛玩用の飼育個体が逸出し，野生下で繁殖。
生態●林床にササの発達したブナ林を好んで繁殖する。非繁殖期には低標高地に移動し，大きな群れを作って移動する。
メモ●江戸時代から輸入されており，本州と九州では1980年代ごろ，四国では1990年代から野生個体群が確認されており，分布は拡大傾向にある。繁殖密度が高く，各地で優占種となっている。

原産：中国中南部から東南アジア北部

🔻巣と卵　6月 茨城［東條］

スズメ目

| メジロ | メジロ科 12cm | *Zosterops japonicus* | 国内移入 |

🔺3月 東京：賀島 [川上]

要注意外来生物(外国産のもの)

生息場所●低地林，農耕地，住宅地
形態●オリーブ色の体，喉が黄色く，腹が白い。
声●ツィー，チーチュクチーチュクなど。
移入の経緯●愛玩用の飼養鳥が逸出し，野生下で繁殖。
生態●雑食性で非繁殖期には大きな群れを作る。他種と混群を作ることも多い。

メモ●小笠原群島には亜種シチトウメジロと亜種イオウジマメジロが移入されている。伊豆諸島と硫黄列島には自然分布するのに，なぜかその間の小笠原群島にはいなかった。近縁のメグロがいたため定着できなかったとも考えられるが，今は両種が共存しているので，やはり謎だ。

原産：東アジア

🔻イオウジマメジロとシチトウメジロの雑種 6月 東京：小笠原 [川上]

スズメ目

52

iTunes Storeにて好評配信中！

文一総合出版本棚シェルフ

文一総合出版のデジタル版のハンドブックシリーズが
iPhone/iPod touch，iPadで楽しめる！

このアプリケーション内において，文一総合出版が発行しているデジタル版の購入，ダウンロード，閲覧ができます。無料試し読みコンテンツもあります。画面は200％まで拡大可能。サムネイル表示，目次，索引つき（一部商品を除く。）。iPhone/iPod touch, iPad対応です（ただし，互換iOS 3.1以降が必要）。

ダウンロード
http://itunes.apple.com/jp/app/id460254296

BUN-ICHI
BOOK SHELF

無料版 野鳥と木の実ハン...
著者：叶内拓哉
発行者：文一総合出版
無料

野鳥と木の実ハンドブック
著者：叶内拓哉
発行者：文一総合出版
読む

新訂 ワシタカ類飛翔ハン...
著者：山形

デジタル版…
べて・購入
ものの三
え表示す

昆虫の集まる花ハンドブ...
著者：田中肇
発行者：文一総合出版
読む

樹皮ハンドブック
著者：林将之
発行者：文一総合出版
読む

本棚型（シェル型）アプリケーションだから，デジタル版が本棚に並べたように表示されます。

デジタル版は
ライドさせて
ように見ること

iTunes Storeで「**文一総合出版**」と検索すると，一番上に出てきます　　Q▼ 文一総合

▶iTunes Store（アイチューンズ ストア）とは，Apple Incが運営している音楽・動画・映画配信
apple.com/jp/itunes/　▶文一総合出版本棚シェルフアプリケーションのデジタル版を楽しむ

デジタル版のご購入は簡単です

デジタル版の購入は，デバイス上から行います。お手持ちのデバイスがインターネットに繋がっている状態で，欲しいデジタル版の価格アイコンをタップします。

お持ちのデバイス
何台でも同期できます

文一総合出版本棚シェルフからご購入いただいたデジタル版は，お持ちのデバイス（iPhone/iPod touch, iPad。ただし互換iOS3.1以降が必要。）何台でも同期できます。

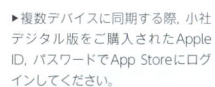

▶複数デバイスに同期する際，小社デジタル版をご購入されたApple ID，パスワードでApp Storeにログインしてください。
▶ご購入済みの商品は，削除しても無料で再ダウンロードが可能です。

-ション提供などを行うコンテンツ配信サービスです。　▶ダウンロードはこちら http://www.
3.1以降を搭載したiPhone，iPod touchおよびiPadが必要です。

好評配信中デジタル版

デジタル版はインターネットに繋がる環境下で，デバイスからダウンロードしてください。

新訂 ワシタカ類飛翔 ハンドブック デジタル版のみワシタカ類17種の鳴き声を収録。	価格1,400円(税込)
野鳥と木の実 ハンドブック 試し読みが出来る無料体験版もあります。	価格1,000円(税込)
声が聞こえる！カエル ハンドブック 日本のカエル全47種の鳴き声のほか，生息環境の音も収録。	価格1,200円(税込)
紅葉 ハンドブック	価格1,000円(税込)
昆虫に集まる花 ハンドブック	価格1,000円(税込)
樹皮 ハンドブック	価格1,000円(税込)
新訂 水生生物 ハンドブック	価格1,000円(税込)
朽ち木にあつまる虫 ハンドブック	価格1,000円(税込)
サクラ ハンドブック	価格1,000円(税込)

スミレ ハンドブック for iPhone & iPad

このデジタル版は小社本棚シェルフには同期されません。単独アプリケーションです。iPhone/iPad, iPod touch対応です（ただし，互換iOS 3.1 以降が必要）。

Available on the App Store

▶しおり機能。▶文字検索。▶画像拡大（400％拡大対応）。▶ページ移動は"ページめくり"と"ページスライド"から選択可。
ダウンロード http://itunes.apple.com/jp/app/id431829704

ジャワハッカ ムクドリ科 25cm *Acridotheres javanicus* 愛玩

12月 シンガポール [Yong Ding Li]

生息場所●農耕地，草原
形態●全身黒く，嘴と足は黄色。虹彩は黄白色で，下尾筒が白い。翼と尾先に白斑が目立つ。
声●ギュルル，ギュルルなど。
移入の経緯●愛玩用の飼育個体が逸出し，野生下で繁殖。
類似種●ハッカチョウは嘴が黄白色で虹彩はオレンジ色。下尾筒は羽縁だけ白く，長い冠羽はカールする。
生態●攪乱環境を好み，原産地では年間を通して繁殖する。樹洞や橋の下，建築物に営巣するほか，稼動中のバスでも繁殖した記録がある。
メモ●与那国島では，1990年代には数十羽が観察されていたが，その後減少したようだ。石垣島でも観察されたことがある。

3月 沖縄：与那国島

原産：インドネシア

スズメ目

ハッカチョウ ムクドリ科 26cm *Acridotheres cristatellus* 愛玩

🔺1月 神奈川

生息場所●草原，農耕地，河川敷，住宅地
形態●全身が黒く，嘴が黄白色。額の冠羽は長く，カールする。翼に白斑があり，尾羽の先端も白い。
声●チョッ，ジュリリリ，チィーヨ。
移入の経緯●愛玩用の飼育個体が逸出し，野生下で繁殖。
類似種●ジャワハッカは嘴が濃い黄色で，虹彩は黄白色。下尾筒は白く，冠羽がカールしない。
生態●樹洞や人工物などによく営巣する。大きな群れを作り，集団でねぐらをとる。
メモ●1970年代に京都で営巣行動が観察され，1983年に大阪，1980～90年代に兵庫で繁殖記録がある。南日本の記録は自然分布の可能性もある。

原産：東南アジア

🔻12月 大阪［松村万］

スズメ目

モリハッカ ムクドリ科 23cm *Acridotheres fuscus* 愛玩

⬆12月 マレーシア ［藤原］

生息場所●草原，農耕地，住宅地
形態●背が黒褐色，腹が茶褐色で，足，嘴がオレンジ。
声●チィウーツ，チュッチュツ。
移入の経緯●愛玩用の飼育個体が逸出し，野生下で繁殖。
類似種●ムクドリは頬，腰が白い。ハッカチョウは冠羽がカールし，ジャワハッカは下尾筒が白い。

原産：南アジア，東南アジア

生態●林縁や農耕地を好む。数羽から数十羽の群れを作る。樹洞に営巣し，昆虫や果実をよく採食する。
メモ●シンガポールや西サモア，フィジーなどにも移入されている。東京では繁殖記録もあるが，最近の記録は少ない。「ハッカ」とは翼を広げたときに見える白斑が八の字に見えることから付いた中国名が起源。

⬇12月 マレーシア ［藤原］

スズメ目

ハイイロハッカ

ムクドリ科 22cm　*Acridotheres ginginianus*　愛玩

🔼 4月 インド ［合原］

生息場所● 農耕地，住宅地
形態● 体が灰色で，頭，翼，尾が黒い。嘴と眼の周りの朱色が目立つ。
声● ヒィーッ，チィーッ，ウィーッ。
移入の経緯● 愛玩用の飼育個体が逸出し，野生下で繁殖。
類似種● インドハッカは嘴と目の周りが黄色。
生態● 雑食性で河岸などを好む。川の土手などに1m以上にもなるトンネルを掘り，しばしば集団営巣を行う。
メモ● 土手に営巣するため，英語名はBank Myna（土手のハッカチョウ）という。原産地ではウシの背中に乗って，ダニをついばんでいる姿がよく見られる。

🔽 幼鳥　8月 インド ［合原］

原産：南アジア

スズメ目

インドハッカ ムクドリ科 23cm *Acridotheres tristis* 愛玩

↑11月 オーストラリア

生息場所●農耕地，住宅地
形態●全身が濃褐色で，頭は黒色。目の周囲，嘴，足が黄色。
声●ジョジョッ，チィーッ。
移入の経緯●愛玩用の飼育個体が逸出し，野生下で繁殖。
類似種●ムクドリは頬，腰が白く，体色が薄い。ハイイロハッカは目の周りと嘴が朱色。

原産：中国南西部，東南アジア。沖縄では左地図のほか，久米島，与那国島で記録がある

生態●林縁から農耕地を好む。数羽から数十羽の群れを作るが，集団ねぐらではより大きな群れとなる。雑食性で何でもよく食べる。
メモ●「世界の侵略的外来種ワースト100」に選ばれているが，日本ではまだ問題になるほどの個体群はない。南西諸島で見られる個体もいるが，原産地に比較的近いので，自然分布か移入個体かを判断するのは難しい。カバイロハッカとも呼ばれる。

↓4月 タイ ［松村伸］

スズメ目

ホオジロムクドリ　ムクドリ科 23cm　*Gracupica contra*　愛玩

🔺2月 インド［松村伸］

生息場所●農耕地，住宅地
形態●頭，喉，背が黒く，頬と腹は白い。目の周りと嘴基部の朱色が目立つ。
声●チィ，ジョリジョリ。
移入の経緯●愛玩用の飼育個体が逸出し，野生下で繁殖。
生態●低地の開けた環境を好む。時には数つがいでまとまって営巣することがあるが，基本的には単独営巣である。幅60cm，高さ50cmもあるドーム状の大きな巣を作る。
メモ●アラブ首長国連邦やサウジアラビアなどにも移入されている。東京では繁殖した例がある。

原産：南アジア，東南アジア

🔻2月 インド［松村伸］

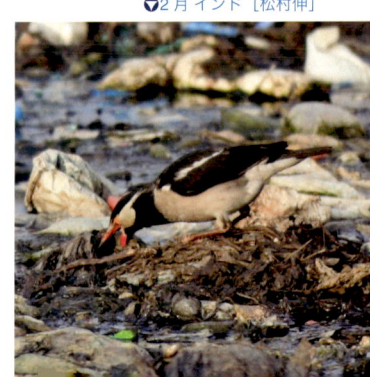

メンハタオリドリ　ハタオリドリ科 13cm　*Ploceus intermedius*　愛玩

▲オス　8月 ジンバブエ［林］

生息場所●草原，農耕地，灌木林
形態●全身黄色で，顔が黒い。
声●ツィーッ，ピゥピゥ，チョッチョッ。
移入の経緯●愛玩用の飼育個体が逸出し，野生下で繁殖。
生態●灌木林や農耕地を好んで繁殖する。集団営巣を行い，60つがいほどが集まることもある。アフリカギンバシやイッコウチョウの古巣を使って巣を作ることがある。
メモ●原産地ではブロンズミドリカッコウに托卵されるため，巣の入口はチューブ状になっており，托卵個体がここで死んでいたという例がある。飼育下では最長で19年も生きた。コメンガタハタオリと呼ばれることもある。

原産地：アフリカ

▼3月 南アフリカ［谷］

スズメ目

コウヨウジャク　ハタオリドリ科 14cm　*Ploceus manyar*　愛玩

◯ 左:メス，右:オス　[アマナイメージズ]

生息場所●草原，農耕地，河川敷
形態●オスは頭が黄色く，顔は黒い。体は黄褐色で黒斑がある。メスは褐色で地味。
声●ティリリリ，トゥリトゥリ，チィーツ。
移入の経緯●愛玩用の飼育個体が逸出。
生態●主に種子食で，他種と混群を作りながら採食する。非繁殖期にはヨシ原やサトウキビ畑などで，集団ねぐらをとる。
メモ●漢字では紅葉雀と書くが，黄葉雀のほうが合っている。巣の入口が泥や粘土で補強されることが多く，これは巣材をほぐれにくくするためと考えられる。巣にはアカシアの黄色い花が添えられることもあるそうだ。

原産：南アジア，東南アジア

◯ メス　3月 マレーシア [松村万]

スズメ目

60

オウゴンチョウ

ハタオリドリ科 13cm　*Euplectes afer*　愛玩

▲ オス　12月 大阪 [猪狩]

生息場所●草原，農耕地，灌木林
形態●顔と腹から下が黒く，頭と胸，上面が黄色。メスは褐色で地味。
声●ジィージィー，リッリッ。
移入の経緯●愛玩用の飼育個体が逸出。
生態●水辺を好み，沼地や河川の周辺の草原で営巣する。草の種子や昆虫類を集団で採食する。

メモ●アメリカやジャマイカ，ポルトガルなど，各地に移入されている。神奈川では1974年に観察されている。

原産：アフリカ中南部

▼ 幼鳥 10月 京都 [野村]

スズメ目

キタキンランチョウ　ハタオリドリ科 14cm　*Euplectes orix*　愛玩

▲ オス　10月 京都［石井］

生息場所●草原，農耕地，灌木林
形態●オスは顔と腹，翼が黒く，後頭〜腰と胸は緋色。メスは褐色で地味。
声●チィーチィー，ジィ，チュイ。
移入の経緯●愛玩用の飼育個体が逸出。
生態●一夫多妻で繁殖する。オスは体や頭の羽毛を膨らませ，翼をふるわせてディスプレイする。非繁殖期には大群で行動する。
メモ●京都では1970年代に営巣行動を確認，神奈川では1973年に観察されている。室内飼いしていると，緋色が抜けて黄色っぽくなるらしい。英語名「Red Bishop ＝赤い司教」とは言い得て妙である。

原産：アフリカ

▼ メス　10月 京都［石井］

スズメ目

62

ベニスズメ カエデチョウ科 9cm *Amandava amandava* 愛玩

🔺1月 東京

生息場所●河川敷，灌木林，草原
形態●オスは全体が赤く，白斑がある。メスは褐色で嘴と腰が赤い。
声●チーッなど。
移入の経緯●愛玩用の飼育個体が逸出し，野生下で繁殖。
生態●もともと草原や農耕地に生息する種で，草本の種子をよく食べる。冬には羽色が地味になるので，着色して売られたりする。
メモ●1960〜70年代ごろに東北から九州までの広い範囲で観察されたが，最近は分布が縮小している。江戸時代前期から輸入されている。ちなみに日本には同名のスズメガ科の蛾がいる。

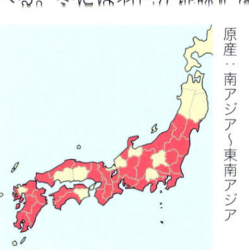

原産：南アジア〜東南アジア

🔻メス　12月 東京

スズメ目

ホウコウチョウ カエデチョウ科 10cm *Estrilda melpoda* 愛玩

🔼 12月 サイパン [山崎]

生息場所●河川敷，灌木林，草原
形態●頭と腹が灰色で，背が褐色，顔と嘴がオレンジ色。
声●ツィー，チィーディーなど。
移入の経緯●愛玩用の飼育個体が逸出し，野生下で繁殖。
生態●草の種子を好んで食べる。細い草の茎を登り，逆さまにぶら下がったアクロバティックな姿勢で採食する。
メモ●頬が紅いから「頬紅鳥」。ならば，「ホオ」コウチョウのはずだが，一般に「ホウ」コウチョウと表記される。🔽 12月 サイパン [山崎]

原産：アフリカ

スズメ目

64

カエデチョウ

カエデチョウ科 10cm　*Estrilda troglodytes*　愛玩

🔼 10月 東京 [猪野]

生息場所●河川敷，灌木林，草原
形態●灰褐色の体に，眼の周りと嘴の赤色が目立つ。
声●チュー，チチッ，ジュウゥなど。
移入の経緯●愛玩用の飼育個体が逸出し，野生下で繁殖。
生態●オスは草をくわえて振ったり，羽毛を逆立てて，メスにアピールする。カエデチョウ科の鳥はメスへのアプローチが熱心だ。
メモ●カエデチョウの仲間は，他個体と共同で採食することが多い。体重が7〜8gしかないため，みんなで草にぶら下がり，地面近くまで草の穂を下ろして，地上から採食する。

原産：アフリカ

🔽 10月 東京 [猪野]

スズメ目

コシジロキンパラ　カエデチョウ科 11cm　*Lonchura striata*　愛玩

🔺9月 沖縄

生息場所●草原，農耕地，灌木林
形態●体上面は濃褐色で，羽軸付近が白斑となる。腹〜腰が白い
声●ビュー，プリィー，チィー。
移入の経緯●愛玩用の飼育個体が逸出し，野生下で繁殖。
生態●乾燥した草地を好み，小群になってイネなどの草本の種子をよく食べる。熱帯ではほぼ一年中繁殖する。
メモ●飼い鳥のジュウシマツは本種がベースで，江戸時代に中国から輸入され，日本で家禽化されたと考えられている。本種の鳴き声もそこそこ複雑だが，ジュウシマツにはかなわない。ジュウシマツも各地で逸出個体が見られている。

原産：中国南部，東南アジア，南アジア

🔻5月 沖縄：石垣島

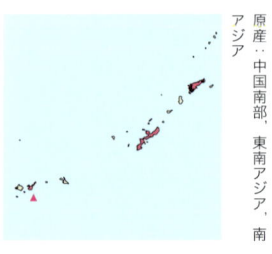

シマキンパラ

カエデチョウ科 11cm　*Lonchura punctulata*　愛玩

▲3月 沖縄

生息場所●草原，農耕地，灌木林，ヨシ原
形態●体上面は褐色で，腹側は白い。胸から脇にかけて，暗褐色のうろこ状の斑がある。
声●カッカッ，ウィー，ジュッなど。
移入の経緯●愛玩用の飼育個体が逸出し，野生下で繁殖。
生態●巣は草むらの中に作るほか，1本の木に十数つがいが集団で営巣することもある。自分で巣を作るだけでなく，他種の古巣を使って繁殖することも多い。
メモ●沖縄では1980年代以後，野外で観察されている。多数の亜種に分かれており，赤色味の強いものから濃茶色のものまで羽色が異なる。江戸時代から愛玩用に複数の亜種が輸入された。腹の模様からアミハラとも呼ばれる。

▼5月 沖縄

原産：東南アジア，南アジア

スズメ目

キンパラ カエデチョウ科 11cm *Lonchura atricapilla* 愛玩

7月 インドネシア [松村伸]

生息場所●草原，農耕地，灌木林，河川敷，ヨシ原
形態●頭から胸までと下尾筒が黒色で，背と腹は赤褐色。嘴は青灰色で太い。雌雄同色。
声●チュゥー，ブゥィー，クックッ。
移入の経緯●愛玩用の飼育個体が逸出し，野生下で繁殖。
生態●小さな群れで行動することが多く，草原や農耕地で草の実をよく食べる。草むらの中にボール状の巣を作る。
メモ●関東では1990年代以後の記録は少ない。沖縄では1980年代から最近まで繁殖が確認されている。江戸時代から愛玩用に輸入されていた。以前はギンパラの亜種の1つとされていたが，最近は独立種とすることが多い。漢字では「金腹」と書くが，金色はしていない。中国では「沈香鳥」の名で珍重されていたようである。

原産：東南アジア，南アジア

幼鳥 5月 フィリピン [松村伸]

スズメ目

68

ギンパラ カエデチョウ科 11cm *Lonchura malacca* 愛玩

1月 スリランカ [三宅]

生息場所●草原,農耕地,河川敷
形態●頭は黒く,腹が白い。背〜尾は赤褐色。雌雄同色。
声●ピィー,チィー。
移入の経緯●愛玩用の飼育個体が逸出し,野生下で繁殖。
生態●つがい形成には,メスの前で草の茎をくわえて踊ったり,頭を下げたり,草を落としたりしてメスを誘い,長いさえずりを聞かせる。
メモ●1960〜80年代には兵庫県などの野外での繁殖も確認されていたが,最近の記録は減っている。キンパラが本種の亜種とされることもあるため,本種の観察記録にはキンパラの記録も混じっていて,名前共々混乱しやすい。

1月 スリランカ [三宅]

原産…南アジア

スズメ目

| ヘキチョウ | カエデチョウ科 11cm | *Lonchura maja* | 愛玩 |

オス 9月 マレーシア［松村万］

生息場所●草原，農耕地，市街地，河川敷
形態●頭は白く，胸から下は濃褐色。
声●ツィッツィッ，キィーティーなど。
移入の経緯●愛玩用の飼育個体が逸出し，野生下で繁殖。
生態●小群を作り，イネなどの草本の種子を食べる。オスが草の茎をくわえ，頭や体の羽毛をふくらませて，メスに求愛する。
メモ●1960〜70年代には兵庫県などの野外での繁殖も確認されていたが，最近の記録は減っている。

原産地：東南アジア

メス 7月 インドネシア［松村伸］

スズメ目

ブンチョウ カエデチョウ科 16cm *Padda oryzivora* 愛玩

○2月 ハワイ [青山]

生息場所●草原,農耕地,灌木林
形態●体は灰色で,頭と尾羽の黒,頬の白,嘴の赤が目立つ。
声●チョッチョッ,ビィビィ。
移入の経緯●愛玩用の飼育個体が逸出し,野生下で繁殖。
生態●草原や農耕地で種子や穀物,昆虫などを食べる。非繁殖期には大群で田んぼに現れて稲を食べる。

メモ●稲を食べるため,農業害鳥とされることもある。飼育下では白や茶色の個体など,さまざまな品種が生み出されている。大阪では繁殖記録もある。

原産地:インドネシア

幼鳥 6月 ハワイ [松村万]

スズメ目

テンニンチョウ

テンニンチョウ科 28cm *Vidua macroura* 愛玩

オス 11月 神奈川［平田］

生息場所●草原，農耕地，河川敷
形態●オスは黒い背と翼，長い尾が特徴で，腹側は白い。メスは褐色で地味。
声●チィー，ジャー，ティッティッ。
移入の経緯●愛玩用の飼育個体が逸出し，野生下で繁殖。
生態●オスは繁殖期に空中でホバリングしたり，尾羽を見せつけたりしながら，メスにアピールする。
メモ●ディスプレイの様子はさすが「天人鳥」。カエデチョウ科のさまざまな種に対して托卵する。東京や京都では繁殖行動が確認されているが，これは同時に野生化していたカエデチョウ類に托卵していたのかもしれない。

オス 9月 京都［石井］

原産：アフリカ南部

スズメ目

ホウオウジャク

テンニンチョウ科 40cm　*Vidua paradisaea*　愛玩

▲ オス　12月 ケニア［林］

生息場所● 草原，農耕地，河川敷
形態● オスは頭と翼が黒く，首はオレンジで腹は白。長い尾羽が目立つ。メスは褐色で地味。
声● ウィーッ，ジィーッ。
移入の経緯● 愛玩用の飼育個体が逸出し，野生下で繁殖。
生態● 托卵性で原産地ではニシキスズメやキバネピショィスメなどの巣に卵を産みこむ。
メモ● 托卵性で一夫多妻。人工繁殖したければ，宿主の鳥も一緒に飼う必要がある。神奈川では1974年に観察されている。

原産：アフリカ南部

▼ メス　1月 ケニア

スズメ目

コウカンチョウ ホオジロ科 19cm *Paroaria coronata* 愛玩

🔺3月 京都［石井］

生息場所●灌木林，公園
形態●体上面は黒灰色，下面は白。頭から胸にかけて鮮赤色。
声●ヒーヨ，チョリチョリなど。
移入の経緯●愛玩用の飼育個体が逸出し，野生下で繁殖。
生態●もともとは熱帯から亜熱帯の灌木林や二次林に生息している。種子や小さな果実を食べる。

メモ●逸出個体とおぼしき個体が各地で観察され，大阪で繁殖記録もあるが，安定した個体群はないようである。米大リーグのカーディナルスのシンボルのショウジョウコウカンチョウと外見は似るが，こちらは別の科（ショウジョウコウカンチョウ科）である。

原産地：南米南部

🔻7月 ハワイ［松村万］

外来鳥の影響 何がそんなに罪なのか？

● 見えにくい外来鳥の影響

　世界には多くの外来種がいる。「生物には罪はない，放した人間が悪いのだ」とよくいわれるが，責任の所在はさておき，外来種による在来種への影響は，常に心配されている。

　外来鳥の場合，一般には都市公園や住宅地，農耕地など，人間に攪乱された場所に定着しやすい傾向がある。一方，在来鳥の主要な生息地は，森林などの比較的人間に攪乱されていない場所である。もしすべてがこの法則に従えば，森林の鳥は安泰である。確かに日本でも，多くの外来鳥は攪乱地に生息している。ただし，例外はあり，コジュケイ，ガビチョウ，カオジロガビチョウ，ソウシチョウなどは日本の森林で分布を広げてきている。

　外来動物の影響を考えた場合，特に問題が大きいのは「捕食」である。キツネやネコ，ネズミなどは，世界各地で海鳥や島の鳥の個体群を絶滅に追い込んできている。本州の森林で広がっているコジュケイやガビチョウ，ソウシチョウでは，特にこのような影響は見られていないのでひと安心である。しかし，宮古諸島や八重山諸島に定着したインドクジャクは体が大きく雑食性であり，その捕食により小形爬虫類が激減しているとされており，駆除事業が行われている。

▲ インドクジャク［川上］

　日本の外来鳥で最も心配されてきたのが資源をめぐる「競争」の影響だ。しかし，実際に世界的に見ても，この影響はほとんど確認されていない。捕食者の影響や営巣環境の変化，越冬地の環境悪化など，在来生物の個体数の増減に関わるほかの要因に比べると，資源を巡る競争の影響は比較的小さいのだろう。

● 外来鳥の「間接効果」

　外来鳥は捕食者を介して他種に影響を与えることがある。例えば九州のえびの高原での研究によると、ソウシチョウが高密度で繁殖するこの地域では、その豊富な資源に目をつけたカケスなどの捕食者が卵を捕食するようになった。そのとばっちりを受けたのがウグイスである。捕食者は外来種駆除のためにソウシチョウの卵を食べているわけではないので、同じ地域で繁殖するウグイスの巣も襲うようになり、ウグイスの繁殖成功度が激減したのだ。ウグイスは捕食者を介して、間接的に外来鳥の影響を受けたことになる。

　このような捕食者の誘引による影響は、特殊な例のように見えるかもしれないが、身近でも同様のことが起こっていると考えられる。例えば都市近郊には多くのドバトが生息している。ドバトは猛禽類の食物となることが多く、同様に都市近郊で増加している在来種のムクドリなどとともに、オオタカの主要な食物の一翼を担っている。20世紀後半には、関東や関西などの都市近郊において、オオタカの生息場所が広がっていると考えられているが、その裏では豊富な食物供給、すなわちドバトの存在が大きな役割を果たしているはずだ。

　もちろんオオタカの食物はドバトだけではない。都市近郊で個体数減少が懸念されているミゾゴイなども含めて、さまざまな在来鳥がオオタカに捕食されている。在来鳥が在来鳥を食べているのだから、自然な現象に見えるかもしれないが、オオタカの勢力拡大に外来鳥のドバトが力を貸

▼ ウグイス　　　　　▼ ソウシチョウ　　　　▼ カケス［中村］

🔵 ミゾゴイ　　　　　　　🔵 ドバト　　　　　　🔵 オオタカ

しているなら,これも間接的な外来鳥の影響といえる。外来種が増えて在来種が減ったとき,つい古典的な直接の競争や捕食の図式を思い描いてしまうが,他種を介した間接的な関係も想定する必要がありそうだ。

　このほかにも,鳥マラリアなどの病気の持ち込み,雑種形成による遺伝的攪乱,排泄物による水質汚染など,さまざまな形で生態系への影響が生じている。もちろん生態系だけでなく,営巣による鉄道の架線管理への影響や,糞による公衆衛生上の問題,農作物に対する食害など,経済的被害を生じる場合もある。

　環境省は,いわゆる「外来生物法」の枠組みで,特に生態系や経済活動などに被害を及ぼすおそれのある種を「特定外来生物」に指定し,飼育や運搬などを禁じている。鳥類ではカヒチョウ,カオジロガビチョウ,カイロノビチョウ,ソウシチョウがこれに指定されている。しかし,野生化したこれらの種を対象とした駆除事業が行われたことはない。一度定着した小形鳥類を除去することは,現実的ではないのだ。一方,同法では「要注意外来生物」としてインドクジャクを挙げている。この種は前述の通り,捕食の影響があると同時に,農作物被害もあることから駆除事業が行われているが,根絶には至っていない。クジャクほど大きな動物でも根絶は容易でないのだ。よく言われることだが,新たな外来生物を増やさないことが,最大の対策なのである。

これから出る可能性のある

鳥類の年間輸入個体数の推移（厚生労働省「輸入動物統計」より。2011年は1～10月までの合計）

▲ ダチョウ 飼育個体

▽ エミュー 11月 オーストラリア

現在，鳥類の輸入は，輸入動物からの感染症の発生を防ぐため，厚生労働省により強い規制がかかっている。特に高病原性鳥インフルエンザの発生国からの生体の輸入は基本的に禁止されるようになった。このため，輸入個体数は減少傾向にあり（図），以前に比べれば新たな外来鳥が出現する機会は少なくなっていると考えられる。また同時に外来生物問題について社会的な理解も深まってきており，無頓着な導入は今後減っていくだろう――とはいえ，2010年にはまだ2万羽以上の鳥類が輸入されている。このような状況の中，次に日本に出現する外来鳥を予想してみよう。

可能性のある逸出経路の1つは，産業的飼育動物の脱走である。この点で考えると，最近の健康志向のニーズもあり，飼育頭数が増えているダチョウが挙げられる。実際に2011年の東日本大震災による原発事故に関わる避難区域では，ダチョウの逸出個体が観察されている。ダチョウは雑食性であるため，野外での食糧確保も難しくないだろう。エミューは，ダチョウほどではないが，国内での飼育頭数が増え

外来鳥

てきており、こちらの逸出もあるかもしれない。

　飼養鳥は今もさまざまな種が飼育されているため、どれが逸出してもおかしくはない。その中で特に出現して欲しくないのが、シリアカヒヨドリだ。神奈川ではすでに観察例がある。この種はIUCN（国際自然保護連合）の「世界の侵略的外来種ワースト100」に挙げられ、ハワイやフィジー、サモアなどでは果樹被害を出している。原産は東南アジア〜南アジアであり、日本への定着は十分に可能だろう。

　近隣国で外来鳥として分布を広げている種が、日本に侵入してくる可能性もある。例えば沖縄では、インドハッカやジャワハッカ、ミドリカラスモドキの記録があるが、これらの種はすぐ隣の台湾で外来鳥として広く定着しており、これが分布拡大してきた可能性がある。同じく台湾で分布を広げている外来鳥がクビワムクドリで、これも遠からず日本で観察されるだろう。もしかしたら、私が知らないだけで、すでに観察されているかもしれない。

🔺 シリアカヒヨドリ　6月 ハワイ［松村万］
※要注意外来生物

🔻 ミドリカラスモドキ
左：成鳥　7月 マレーシア［松村伸］
右：幼鳥　4月 沖縄［永井］

🔻 クビワムクドリ　1月 香港

参考文献

Christopher Lever (2005) Naturalised Birds of the World. 352pp. Poyser, London.
Eguchi & Amano (2004) Invasive birds in Japan. Global Environ Res. 8: 29-39.
日本生態学会編，2002，外来種ハンドブック．xvi+390pp．地人書館，東京．
日本鳥学会編，2000，日本鳥類目録改訂第6版．346pp．日本鳥学会，帯広．
多紀保彦監修，2008，決定版日本の外来生物．479pp．平凡社，東京．

参考ホームページ

侵入生物データベース（国立環境研究所）
http://www.nies.go.jp/biodiversity/invasive/

索引

ア行
- アヒル ……… 28
- アホウドリ ……… 30
- アメリカオシ ……… 27
- インドクジャク ……… 18,77
- インドトキコウ ……… 31
- インドハッカ ……… 57
- エジプトガン ……… 25
- エミュー ……… 78
- オウゴンチョウ ……… 61
- オオホンセイインコ ……… 39
- オキナインコ ……… 42

カ行
- カエデチョウ ……… 65
- カオグロガビチョウ ……… 49
- カオジロガビチョウ ……… 50
- カササギ ……… 6,44
- ガチョウ ……… 20
- カナダガン ……… 22
- ガビチョウ ……… 47
- キタキンランチョウ ……… 62
- キンパラ ……… 68
- ギンパラ ……… 69
- クビワムクドリ ……… 79
- クロエリセイタカシギ ……… 34
- コウカンチョウ ……… 74
- コウノトリ ……… 32
- コウヨウジャク ……… 60
- コウライキジ ……… 17
- コウラウン ……… 45
- コクチョウ ……… 23
- コシジロキンパラ ……… 66
- コジュケイ ……… 13
- コブハクチョウ ……… 24
- コリンウズラ ……… 11

サ行
- シチメンチョウ ……… 12
- シナガチョウ ……… 19
- シマキンパラ ……… 67
- ジャワハッカ ……… 53
- シラコバト ……… 6,35
- シリアカヒヨドリ ……… 79
- シロガシラ ……… 46
- セキセイインコ ……… 38
- ソウシチョウ ……… 51,76

タ行
- ダチョウ ……… 78
- ダルマインコ ……… 41
- テンニンチョウ ……… 72
- トキ ……… 33
- ドバト ……… 36,76

ナ行
- ニワトリ ……… 14

ハ行
- ハイイロハッカ ……… 56
- ハッカチョウ ……… 54
- バリケン ……… 26
- ヒゲガビチョウ ……… 48
- ブンチョウ ……… 71
- ヘキチョウ ……… 70
- ベニスズメ ……… 3,63
- ホウオウジャク ……… 73
- ホウコウチョウ ……… 64
- ホオジロムクドリ ……… 58
- ホロホロチョウ ……… 10
- ホンセイインコ ……… 40

マ行
- ミドリカラスモドキ ……… 79
- メジロ ……… 5,21,52
- メンハタオリドリ ……… 59
- モリハッカ ……… 55

ヤ行
- ヤマドリ ……… 7,16
- ヤマムスメ ……… 43